AF591855

LETTRE

à M***

SUR

LA MORTALITÉ DES CHIENS,

dans l'Année 1763.

Par M. DESMARS, *Médécin, Penſionnaire de la Ville de Boulogne ſur Mer.*

A AMSTERDAM;

& ſe vend

A PARIS,

Chez la Veuve de D. ANT. PIERRES, Libraire *rue Saint-Jacques, vis-à-vis Saint Yves, à S. Ambroiſe & à la Couronne d'Epines.*

MDCCLXIV.

LETTRE à M***

Sur la Mortalité des Chiens ; dans l'année 1763.

JE conviens avec vous, Monsieur, qu'un Médecin doit faire attention aux maladies des animaux, des quadrupedes sur-tout, dans la classe desquels l'homme est compris. Les mortalités dans les bestiaux servent quelquefois de préludes aux épidemies & aux pestes qui affligent l'espéce humaine (*a*) mais faudra-t-il étendre ses observations sur tout le régne animal, & tenir un registre exact des singularités que les Oiseaux, les Poisons, les Insectes nous offrent dans le courant d'une

(*a*) Au siége de Troyes la peste attaqua d'abord les Chiens, puis les Chevaux, ensuite les Hommes. Dans les années 1728 & 1733, presque tous les Chevaux furent attaqués de la toux, un mois ou deux avant qu'elle devint épidemique à Plymouth, *Huxham. obs. de aere. &c.*

constitution épidemique ? Le silence des Grenoüilles, des Cigales ou des Oyes, la muë des Oiseaux, le travail des Abeilles, les ravages des Chenilles ont-ils des rapports assez directs avec les épidemies pour mériter l'attention du Médecin. Simplifions les questions déja trop compliquées. Ce n'est pas en ajoûtant des nouvelles inconnues dans une équation, qu'on parvient à trouver la valeur de celle qu'on cherche.

Il en est des animaux comme des plantes, parmi lesquelles il s'en trouve qui vegetent mieux dans les terreins secs que dans les lieux humides ; d'autres que la sécheresse fait périr & qui ne peuvent croître que dans l'humidité. On a remarqué que les sécheresses excessives sont pernicieuses aux Chiens, (*a*) mais les bestiaux exposés aux injures de l'air, & qui paissent l'herbe, souffrent davantage des saisons trop pluvieuses.

» De tous les animaux, dit le célé-
» bre Auteur de l'histoire générale &

(*a*) Silius Italicus, cité par Ramazzini, a décrit une constitution très-chaude & très-seche qui fut fatale aux Chiens ayant de se faire sentir aux autres espéces.

» particuliere (*a*) ; le Chien eſt celui dont la nature eſt le plus ſuſceptible d'impreſſions, & ſe modifie le plus aiſément par les cauſes morales. Il eſt auſſi de tous, celui dont la nature eſt le plus ſujete aux variétés & aux altérations cauſées par les influences phyſiques : le tempérament, les facultés, les habitudes du corps varient prodigieuſement, la forme même n'eſt pas conſtante. Delà cette confuſion, ce mélange & cette variété de races ſi nombreuſes, qu'on ne peut en faire l'énumeration. Delà ces différences ſi marquées pour la grandeur de la taille, la figure du corps, l'allongement du muzeau, la forme de la tête, la longueur & la direction des oreilles & de la queuë, la couleur, la qualité & la quantité du poil.

Galien range le Chien parmi les animaux les plus ſecs, les plus chauds & les plus maigres (*b*). Il nous dit que ſa ratte eſt très noire (*c*) ; que ſes os ſont fort durs, moins cependant que

(*a*) Tom. v. pag. 192.
(*b*) *Gal. 2°. de ſimpl. med. fat.*
(*c*) *6°. De ana. admi.*

ceux de la Chevre & de la Brebis (*a*) ; que sa chair produit des sucs mélancoliques dans ceux qui en mangent (*b*). Les intemperies qui augmentent les sucs atrabilaires en quantité & en qualité, sont donc nuisibles à cette espéce : & telles sont les constitutions *automnales*, dans lesquelles le froid des Hyvers & la chaleur des Etés sont excessifs & accompagnés l'un & l'autre de sécheresses continuelles.

Le Printemps, & la plus grande partie de l'Eté, en 1762, avoient été fort chauds & fort secs ; &, ce qui est rare dans nos cantons, tous les bleds avoient mûris à peu près dans le même temps, & la récolte s'étoit faite de de bonne heure. Le dernier mois de l'Eté & le premier de l'Automne furent pluvieux, & delà jusqu'à la fin de Juin de l'année suivante, les froids & la sécheresse se soutinrent constamment. Les pluyes furent rares & modiques. Les vents étoient Orientaux ou Septentrionaux vers le solstice d'Eté. (époque de la maladie Canine). Les vents de midi ayant repris le dessus, la saison

(*a*) 11°. *De usu partium.*
(*b*) 3°. *De loco affect.*

devint humide & pluvieuſe, & tout l'Eté ſe paſſa ſans chaleurs.

La maladie s'eſt montrée depuis le mois de Juillet juſqu'à la fin de l'Automne. Le ſymptome le plus général & le premier qui ſe faiſoit remarquer dans ces animaux, étoit une grande foibleſſe qui les faiſoit chanceler en marchant & tomber à chaque pas. La plûpart touſſoient & haletoient. Ils rejettoient par la gueule & les narines des humeurs pituiteuſes & glaireuſes. Leurs yeux étoient éteints, chaſſieux, couverts d'une humeur épaiſſe, & difficile à détacher, lorſqu'on prenoit ſoin de l'enlever avec du linge. Ils tomboient dans une extrême maigreur. Les uns periſſoient en peu de jours; d'autres après plus d'un mois de maladie; quelques-uns moururent ſubitement attaqués de vertiges. A l'ouverture d'un cadavre on trouva un affaiſſement conſidérable au cerveau; le poulmon gâté, & l'eſtomach plein d'humeurs putrides d'une odeur inſupportable.

Cette maladie ne s'eſt pas bornée à une ſeule Ville, à une ſeule Province; elle s'eſt étendue à des diſtances conſiderables, & a fait beaucoup de ravages. J'ignore la marche qu'elle a suivie & les lieux où elle s'est manifestée d'abord. Elle attira mon attention, dès qu'elle parut dans cette Ville. Mais je ne me proposois nullement d'en ecrire, & je ne pensois pas qu'elle vous serviroit d'occasion pour reveiller les prétentions de Sydenham, dont vous paroissez avoir adopté le systême.

Vous convenés que c'est dans l'air & non dans les eaux ou dans les aliments qu'il faut chercher les principes de cette maladie à cause de la différence des lieux où elle a regné, & du différent genre de vie des animaux qui en ont été attaqués. Vous êtes porté à croire que les astres ont versé sur notre Athmosphære des influences, qui, sans nuire aux autres espéces de quadrupedes, ont été pestilentielles à la race Canine. Mais avez vous pesé, calculé la puissance des saisons, qui ont précédé & vû naître la maladie? Avez-vous determiné la part qu'elles avoient dans cet événement & reconnu leur insuffisance? Commencez par la démontrer, & donnez ensuite carriere à votre imagination. Voyons au moins jusqu'ou peut nous mener la maniere de raiſonner des anciens en pareilles matieres. Je vais d'abord vous rappeller certains points de doctrine élémentaires en fait d'épidémies, qui peuvent répandre de la lumiere ſur le ſujet que nous traitons.

Le Printems, ſuivant les anciens, augmente la partie rouge ou le ſang dans nos corps; l'Eté, l'humeur bilieuſe; l'Automne, la mélancholie; l'Hyver, la pituite. Ces principes ſont établis dans le livre de la nature humaine ſur des preuves ſimples & démonſtratives. Vous pouvez y avoir recours. Il y eſt dit que chacune de ces humeurs augmente ou diminue à proportion de la chaleur, de la froidure, de la ſéchereſſe & de l'humidité des ſaiſons; que dans les conſtitutions annuelles, tantôt l'Hyver fait la plus forte impreſſion, tantôt le Printems, quelquefois l'Eté, d'autre fois l'Automne; que les maladies d'Eté ceſſent en Hyver & réciproquement celles de l'Hyver en Eté.

Lorſque l'Hyver arrive, dit Hyppocrate, la bile ſe refroidit ou diminue par l'abondance des pluyes & la longueur des nuits. Durant le Printems, s'il eſt doux & moderé, les cerveaux ſe purgent de la pituite accumulée pendant l'Hyver. Mais s'il eſt froid & *boréal* (*a*), l'humeur pituiteuſe reſte ſous une forme *concrete*; & lorſque les vents de Sud ſoufflent en Eté & amenent des pluyes, la fonte des humeurs ne peut manquer de cauſer des maladies : de-là viennent les flux & les hydropyſies, qu'on obſerve après un Printems froid & précédé d'un Hyver doux & pluvieux.

D'après ces principes je demande, ſi le froid & la ſéchereſſe ont regné tant dans l'Hyver que dans le Printems, & même dans la plus grande partie de l'Automne qui les a précédé, (c'eſt le cas où nous nous ſommes trouvés en 1763) quelles ſeront les maladies qui doivent paroître durant ces ſaiſons froides & ſeches, ainſi que dans le cours d'un Eté froid & humide qui vient à leur ſuite. La ſéchereſſe conſtante dans ces trois ſaiſons n'a pû produire la même pituite qui doit ſa naiſſance tant à la fréquence des pluyes qu'à la longueur des nuits. Les cer-

(*a*) Il eſt difficile de rendre autrement l'expreſſion d'Hyppocrate.

veaux ont dû conſerver une ſorte de *concretion*. Ils n'ont point été purgés en temps convenable, car l'humeur produit, doit avoir les qualités de l'Athmoſphære. Elle doit être froide & ſéche ; épaiſſe & de difficile coction, & telles ſont les qualités de l'humeur atrabilaire.

Nous ne pouvions donc manquer d'obſerver durant cette longue ſécheresſſe quantité de maladies cauſées par la mélancholie, des flux hémorrhoïdaux, des vomiſſemens noirs, des flux noirs, des demences, des cancers, (*a*) des pleureſies, des peripneumonies atrabilaires, ſur-tout dans les Campagnes, des toux convulſives parmi les enfans & même dans les autres âges. Toutes ces maladies devoient être longues & d'un jugement difficile. Et telles furent effectivement les maladies regnantes dans les ſix premiers mois de l'année 1763.

Dans la conſtitution froide & ſeche de l'année 1641, obſervée à Modene par *Ramazzini*, ainſi que dans celle

(*a*) Ces maladies firent de grands progrès dans les femmes qui en étoient deja attaquées & ſe déclarerent dans pluſieurs autres.

de 1740, qui a été décrite par le Docteur Huxham à Plymouth, les maladies de poitrine regnoient. On trouva à Modene dans la plûpart des cadavres des polypes formés dans le cœur ou dans l'aorte : & le sang qu'on tiroit, prenoit une consistence polypeuse. A Plymouth le sang étoit plus épais & plus tenace qu'il n'est ordinairement. Il étoit absolument comme de la glu. *Horum sanguis extractus merum ferè glusen refert.* (*a*) Le froid & la sécheresse, lorsqu'ils sont excessifs & qu'ils durent trop long-tems conduisent le sang & le depouillent de ses parties les plus subtiles & les plus actives. On voit déja l'accord des principes & des observations des modernes avec la doctrine d'Hippocrate. La raison de cette condensation paroît sensible par les effets connus du froid qui rapproche toutes les parties des corps & les reduit à un moindre volume. Mais ces notions générales de Physique ne suffisent pas pour expliquer les dérangemens produits dans l'œconomie animale par des intemperies excessives en froidure & en séche-

(*a*) *Huxham observ. de aere ann.* 1740.

resse. Il faut avoir recours à des effets plus immediats, observés dans les animaux. Hyppocrate nous enseigne que les constitutions *boréales* tant générales que particulieres constipent les corps, arrêtent les dejections; d'où résulte un état pléthorique & une irruption ou regorgement sur les visceres qui résistent le moins. La plethon doit s'accroître en raison directe de la voracité de l'animal & en raison inverse de sa transpiration & des pertes qu'il fait par les autres conduits. Mais puisque la portion la plus tenue & la plus subtile s'évapore, dès que la rigidité des fibres s'affoiblira par l'action des vents Méridionaux & de l'humidité l'animal se trouvera surchargé d'humeurs grossieres qui, en se decomposant, s'écouleront & produiront diverses maladies selon les visceres qu'elles affectionne. On conçoit qu'alors la dissolution succéde à l'accumulation, la foiblesse à la tention, la phtysie à la plethore, ainsi les funestes effets des saisons immodérées ne se manifestent pas toujours sous le régne de l'intemperie. Souvent les corps succombent lorsque les causes externes viennent à cesser. Appliqués ces principes. Le Chien est sec & nerveux, il ne sue point, il mange beaucoup. « Sa sécheresse est telle que l'eau lui » est encore plus nécessaire que la nourriture. Il boit souvent & abondamment. On croit même vulgairement » que lorsqu'il manque d'eau pendant long-tems, il devient enragé. » La constipation du ventre lui est ordinaire. Il paroît faire des efforts & » souffrir toutes les fois qu'il rend les » excrémens, non, comme le dit » Aristote, parce que les intestins deviennent plus étroits en approchant » de l'anus; (dans le Chien comme » dans les autres animaux, les gros » boyaux s'élargissent toujours de plus » en plus) mais à cause de la sécheresse de son tempérament). *Hist.* » *natur* ».

J'ai dit qu'Hippocrate attribue aux constitutions *boréales*, tant générales que particulieres (*a*), la constipation du ventre : & c'est le seul effet commun

(*a*) Il faut entendre ici par constitutions générales, celles qui comprennent une année ou plusieurs saisons. Les constitutions particulieres sont d'un ou de plusieurs jours.

rapporté dans le cinquiéme & dans le quinziéme Aphorisme de la troisiéme section. Il est important de comparer & de bien peser les énoncés de ces deux Aphorismes pour comprendre quels sont les principaux ressorts des constitutions ; & comment les vents Septentrionaux & Meridionaux composent un decemvirat, qui, par des effets diamétralement opposés, forment la chaîne des maladies épidemiques. Parcourez toutes les affections rapportées dans la troisiéme constitution, si vous voulez voir des exemples du régorgement des humeurs causé par les constitutions *boréales*. D'un autre côté la constitution du troisiéme livre vous offrira un tableau de maladies produites par la dissolution & la dégénération. Je n'entrerai dans aucun détail, pour expliquer les lesions que peut recevoir chaque viscere par la constipation ou le relachement excessif (*a*). Il est inutile de rebattre des choses assez connues.

Les Chiens ont resisté dans cette Province tant qu'ont duré les vents

(*a*) Il ne s'agit point ici d'une constipation absolue, mais d'une simple diminution qui persevère trop long-tems.

Orientaux & Septentrionaux. Les ſucs qui s'accumuloient journellement, étoient encore maîtriſés par la réſiſtance des vaiſſeaux, ſoutenue du reſſort extérieur de l'air. Mais lorſque ce ſecours vint à ceſſer, l'humeur ne pouvant point s'aſſimiler, dégénera, devint violente, s'écoula dans différentes capacités & porta par-tout le déſordre & la deſtruction.

Ariſtote (*a*) obſerve que les Chiens ſont ſujets à trois maladies, l'angine, la goutte & la rage : que l'angine les tue, que l'hydrophobie produit en eux la manie ou la fureur ; & que la plûpart de ceux que la goutte attaque en périſſent. La maladie dont il s'agit a des rapports à l'angine. Dans les exercices violents, les courſes du Chien, les fluides gonflés, raréfiés ſe portent à la gueule. La langue s'alonge, eſt pendante pour faciliter le paſſage de de l'air qui doit tempérer l'effervecence du ſang. Les maladies propres à ſe terminer par la ſueur dans les autres eſpéces de quadrupedes produiſent l'angine dans le Chien par une ſuite de ſa conſtitution.

(*a*) Hiſt. des animaux. liv. viij. chap. xxij.

Dans l'eſpéce humaine ne voyons-nous pas que les maladies d'Hyver dans leſquelles la ſueur eſt plus rare, ſont preſque toutes accompagnées de toux, d'expectoration, ſouvent d'angine, qui diſparoiſſent aux approches de de l'Eté, lorſque la chaleur de la ſaiſon ouvre les pores & augmente la tranſpiration ? La maladie Canine n'eſt donc point un phénomene rare, mais un accident commun parmi les Chiens, qui n'a du nous ſurprendre que par le grand nombre des animaux qui en ont été attaqués.

Vous m'objectez que les mortalités dans les Chiens ſont très-rares & les années ſeches aſſez frequentes ; & ſuivant mes principes, dites-vous, cette maladie devroit ſe reproduire plus ſouvent.

Je viens de vous faire obſerver que la maladie en queſtion eſt plus commune qu'on ne penſe. J'ajouterai que dans la deſcription que j'ai donné des ſaiſons, qni l'ont fait naître, j'ai remonté au Printems & à l'Eté de l'année 1762, qui furent fort ſecs & fort chauds ; que cette conſtitution ne fut ſéparée d'une autre conſtitution froide

& seche que par un intervalle assez court de temps pluvieux vers la fin de l'Eté & au commencement de l'Automne ; je vous demande maintenant, si cette combinaison de saisons se répete assez souvent, pour en inferer que mon explication est vicieuse.

J'ignore le dégré & la durée de sécheresses nécessaires pour produire une mortalité dans l'espéce Canine. Il est très-difficile de prédire les événemens dépendans des intemperies de l'air, tant dans le regne animal, que dans le regne végetal. Quelque soin qu'on apporte dans l'évaluation des causes qui concourrent, on ne peut fixer la part de chacune employée dans l'effet commun. Mais doit-on moins reconnoître ces agents tous indeterminés qu'ils soient relativement aux effets qu'ils produisent. Quoiqu'on ne puisse annoncer avec certitude la perte de nos moissons après un froid excessif, à moins qu'elle ne se manifeste, ignorons-nous, lorsque nos yeux nous en convainquent qu'il faut en rejetter la cause sur la rigueur de l'Hyver ?

Toutes les fois qu'une maladie regnante ne peut être suffisamment expliquée par les ſaiſons précédentes, on doit remonter plus haut & examiner même, s'il eſt néceſſaire, les conſtitutions des années ſupérieures. Hippocrate, dans la conſtitution du IIIe. Livre des Epidemiques, avant de décrire les quatre ſaiſons de l'année, déclare que les ſaiſons antérieures avoient été ſéches ; & Galien, expliquant les maladies de la troiſiéme conſtitution, & ne trouvant pas de cauſes ſuffiſantes dans les ſaiſons décrites, ſuppoſe des intempéries antérieures, à l'aide deſquelles il donne des raiſons plauſibles des faits rapportés par Hippocrate.

Vous convenés que les ſucs atrabilaires ont du augmenter en force & en quantité dans l'eſpéce Canine ; mais vous ne voyez aucun ſymptome dans leur maladie qui prouve la dépravation ou l'augmentation de ce ſuc. Je réponds que dans des maladies évidemment cauſées par l'atrabile, par la maladie noire, dont nous avons la deſcription dans le livre *des maladies* attribué à Hippocrate, & que j'ai eu occaſion de traiter aſſez ſouvent, les malades rejettent quantité d'humeurs glaireuſes, pituiteuſes, par le vomiſſement & par la ſalivation, & de temps en temps des humeurs virulentes, bilieuſes, érugineuſes, noires par le vomiſſement ſeul. Cet écoulement perpétuel les conduit à un maraſme irremédiable, quand il eſt accompagné d'une averſion conſtante pour les alimens. La dépravation de l'humeur mélancholique eſt donc alors ſuivie ou accompagnée d'une ſecretion très-abondante des autres humeurs par les glandes ſalivaires.

Perſonne n'ignore que le Chien devient enragé ſans contagion précédente. Mais la rage eſt une eſpéce de mélancholie dont la manie ou la fureur eſt un des principaux ſymptomes ; or la fureur eſt produite par l'atrabile qui ſe porte vers le cerveau & en trouble les fonctions. D'où l'on voit que cette humeur ſe déprave dans le Chien plutôt que dans tout aucun animal.

Litter avance que dans l'hidrophobie la ſalive eſt ſeule viciée, & que dans tous les animaux venimeux, tels que le vipère & le dipſos, le virus ne réſide que dans cette humeur. L'expérience, par laquelle il prétend juger cette question, prouve bien que la salive des hydrophobes, ainsi que celle de ces reptiles venimeux est un poison; mais n'établit point que le poison réside uniquement & primordialement dans la salive. Pourquoi l'atrabile devenue viralente n'infecteroit-elle pas les autres humeurs ?

Le poison introduit par la morsure d'un animal hydrophobe ne produit pas tout-à-coup des accidens funestes. Souvent la blessure n'est suivie d'aucun fâcheux événement. Quelquefois la rage ne se manifeste que plusieurs mois & même plusieurs années après. Le tempérament, les saisons, l'âge, le regime concourrent à accelerer, retarder, annuller l'hydrophobie. Si nous supposons que certaines intemperies altérent de la même maniere l'humeur mélancholique, quoique ces causes agissent en même-tems sur tous ceux qui y sont exposés, quelles différences ne devons nous pas attendre dans les maladies quant à l'époque de leur apparition, le nombre & l'insensité des symptômes? Nous trouverons moins surprenant que la constitution vicieuse d'une année produise dans l'année suivante, quoique bien réglée, des maladies qui reparoîtront la seconde année & même dans trois années consécutives, différentes en température. Les dissenteries des années 1670, 71 & 72, observées par Sydendam, les fiévres pourprées des années 1692, 93 & 94, décrites par Ramazzini, & en général les épidémies qui se montrent pendant plusieurs années connsécutives, n'ont d'autre cause materielle que l'humeur mélancholique, viciée par de fortes & de longues intemperies.

A l'aspect de ces fiévres stationnaires & du retour reglé de certaines maladies en Automne, Sydenham a établi des constitutions générales, pendant lesquelles il suppose des exhalaisons terrestres ou des émanations cœlestes, subsistantes aussi long-tems que les effets qu'il leur attribue; & sans nous donner l'histoire des saisons qui ont précédé & accompagné ses constitutions, il se contente d'assurer que quelque peine qu'il ait pris pour concilier les faits par lui observés avec la doctrine des anciens, il n'a pû y parvenir; que dans des années tout-à-fait semblables. Il a observé des maladies fort différentes, & les mêmes maladies dans des années qui ne se ressembloient pas.

Ramazzini, sans paroître adopter ouvertement les nouveautés de Sydenham, a voulu étayer son sistême par des observations détaillées. Il a pris soin de décrire fort au long les saisons qui précédoient & accompagnoient les maladies : & nous a fourni des moyens de juger, si les effets répondent aux causes.

Dans sa dissertation sur les constitutions des années 1692, 93 & 94, il rapporte que durant les trois années qui n'eurent aucune ressemblance entre'elles; quant à l'état des saisons, il régna à Modene une fiévre pourprée qui fit beaucoup de ravages. L'année 1692, dont le Printems fut l'époque de cette maladie, n'offre que des saisons bien réglées : l'année 1693 fut desordonnée dans toutes ses saisons. L'hyver ayant été trop doux, le printems froid & humide, l'Eté excessivement humide, & l'Automne très-sec & très-chaud : enfin l'année 1694 fut fort seche dans les quatre saisons, excepté depuis l'équinoxe du Printems, jusqu'au commencement d'Avril; l'Hyver d'ailleurs fut très froid & les chaleurs de l'Eté immodérées. Pendant ces trois années, comme je viens de le dire, régna à Modene une fiévre pourprée, que le Printems faisoit revivre chaque année; qui dans l'Eté déposoit sa pourpre; pour me servir de l'expression de Ramazzini, sans changer de caractere; & qui reprenoit tout son extérieur, lorsque les chaleurs avoient cessé. Voilà un argument pressant contre la doctrine des qualités sensibles, & comment le concilier avec le passage de Galien. « Lorsque les » saisons sont bien réglées, il n'y a » ni peste ni épidemie. Mais seulement » des maladies qui dépendent du ré- » gime ». (*a*) Ramazzini présente ces bojections dans tout leur jour; il finit néanmoins par attribuer aux vents de Midi tous les maux de cette constitution. Cependant on ne voit pas que dans l'année 1692, qui fut légitime dans toutes ses saisons, les vents méridionaux aient été dominants. Il n'en étoit pas de même des années 1693 & 64, mais les causes doivent être anté-

(*a*) Comment. sur les épid.

rieures aux effets, & les intempéries de ces deux dernieres années pouvoient tout au plus entretenir l'expédience commencée dans l'année précédente.

Il étoit donc sensible qu'il falloit remonter plus haut pour trouver les sources de l'épidémie, & examiner si l'année 1691 n'y avoit pas donné lieu. Heureusement le même Ramazzini nous a laissé la description, tant des saisons que des maladies de cette année qui fut memorable par une sécheresse excessive & constante, par le froid immodéré de l'Hyver & les chaleurs énormes de l'Eté. Elle fut glorieuse & lucrative aux Médecins, dit cet Auteur, à cause du grand nombre des maladies & des succès du traitement. Mais la malignité & les ravages de la petite verole en Automne rabattirent beaucoup de leurs prétentions.

Ainsi l'année 1691 portoit un caractere *automnal*, s'il est permis de se servir de cette expression; & ce caractere commença à se manifester dans l'Automne, comme il arriva dans la troisiéme constitution de l'Isle de Thase, qui étoit d'une temperance automnale. L'Hyver suivant, qui fut légitime, ne pouvoit qu'assoupir & rallentir les humeurs, dont la tendance étoit marquée vers la circonférence, puisque la petite verole dominoit à la fin de l'Automne; il étoit donc nécessaire qu'au Printems, qui fut doux & temperé, les effets résultants des saisons de l'année précédente parussent dans tout leur jour. » au » Printems se voyent les manies, les » mélancholies, les épilepsies, les » hémorrhagies, & toute sorte de » florescence à la peau *, parceque le corps se purge des humeurs vicieuses. *Profundum corporis expurgatur vitiosis humoribus à partibus principalibus ad cutem pervenientibus.* † Non que cette saison produise des humeurs vicieuses, lorsqu'elle est bien réglée, comme étoit celle de 1692, au rapport de Ramazzini, elle préserve au contraire de maladies, en séparant les impuretés du sang. Les fiévres pourprées du Printems de 1692 annonçoient donc suffisamment qu'il étoit resté dans les corps des germes vicieux, qui devoient leur origine aux années précédentes.

* Aphor. sect. iij.

† Comment. de Gal.

L'éruption cessoit dans les chaleurs de l'Eté & reparoissoit vers le lever d'Arcturus, disparoissoit de rechef aux premiers froids : & ces retours réglés furent observés pendant trois années consécutives. Il y a des maladies communes au Printems & à l'Automne. Telles sont celles qui dépendent des mouvemens de l'humeur mélancholique. Ces maladies se font voir dans l'une & l'autre saison. Voyez les Aphorismes 20mes. & 22mes. de la troisiéme section.

Dans les fiévres pourprées, l'eruption seule décidoit du sort du malade. Il étoit absolument nécessaire que les peticules qui paroissoient d'abord au cou, au dos & à la poitrine, s'étendissent jusqu'aux doigts du pied, dans le temps que celles du cou & de la poitrine se dissipoient. Sans cette condition la mort étoit inévitable. Elle étoit pareillement certaine, lorsque les peticules paroissoient de trop bonne heure, c'est-à-dire, avant le quatriéme ou le septiéme jour. Il ne se faisoit aucune crise, ni par les urines, ni par les sueurs, ni par aucune des autres voyes, par lesquelles la nature a coutume d'expulser l'humeur morbifique. L'apparition des peticules, leur expantion par tout le corps, & leur disparition insensible décidoient absolument du sort du malade. Qui ne reconnoît à ces traits les principaux caractères de l'humeur atrabilaire : on en doutera moins en lisant que la dyssenterie parut à la suite de ces fiévres dans l'Automne de l'Année 1693 ; & que toutes les maladies sporadiques qui regnerent dans cette constitution, étoient des maladies choleriques en Eté & des fiévres erratiques & quartes en Automne.

Je crois avoir montré que de longues & fortes intemperies peuvent influer sur deux ou trois années consécutives & produire une épidémie intermittente, telle que celle qui fut observée à Modene dans les années 1692, 93 & 94. Si vous me demandez, pourquoi dans toutes les constitutions qui ressemblent à celle de l'année 1691, quant aux intemperies de l'air, on ne trouve pas les mêmes ressemblances dans les maladies, je réponds qu'on ne doit pas chercher des ressemblances exactes là, ou ce seroit le plus grand hazard d'en trouver?

Quel dégré de similitude a-t-on droit d'exiger dans des maladies qui paroissent la même année ou dans des années semblables, dans des lieux, dont le sol, la situation, les eaux, les alimens, & par conséquent les mœurs, les formes des habitans & leurs temperamens varient de tant de manieres ? c'est cet article qu'il faut régler avant de porter un jugement sur la doctrine des anciens. Car le dégré de ressemblance une fois établi, il est de toute nécessité que les observations s'accordent. Or, ces limites de similitude sont proposées dans la troisiéme section des aphorismes, & les quatre constitutions nous en donnent des exemples.

Je le répete, c'est l'appareil des maladies qui nous en impose : & cet appareil est rarement dans les limites de la similitude. Il y a des épidemies bilieuses, pituiteuses, mélancholiques, mixtes. Nous pouvons assez juger de l'humeur ou des humeurs qui pêchent, & rendre raison des phénomenes essentiels : mais nous ignorons toutes les circonstances nécessaires à la production des épidemies revêtues de certaines formes, & comment les prévoir ?

L'histoire fait mention de plusieurs mortalités qui ont détruit la plus grande partie du genre humain & dépeuplé la terre. Ces terribles catastrophes ne pouvoient être imputées aux alterations des saisons. Il falloit recourir à des agents plus généraux. Fernel * croit ne devoir attribuer ces prodiges qu'aux configurations célestes. Sydenham ne veut pas décider si la constitution des astres ou les exhalaisons funestes produisent les épidémies, Boerhave pense que la varieté inexplicable des exhalaisons y a plus de part. Sylvius Delboc recherche avec beaucoup de subtilité la nature des sels mis en mouvement par les vents Méridionaux & Septentrionaux, & prétend éclaircir la doctrine des anciens par les acides qui viennent du Nord & les alcalis volatils qui viennent du Midi. Toutes ces opinions portent avec elles des caractères de stérilité. Il faut des dogmes qui servent à l'Art. Fernel & tous les grands Hommes que je viens de citer, reconnoissent une puissance quelconque dans les saisons. Aucun d'eux n'a nié les faits rapportés dans les épidé-

* De abditis rer. causis. 6. ij. Cap. xiij.

miques. Ils ont tous respecté la doctrine enseignée dans la iij sect. des Aphorismes. Elle ne leur a pas paru suffisante : mais elle n'en est pas moins le seul guide qui puisse diriger nos pas dans ce dédale obscur. C'est une lumiere qui n'a pas toute la clarté qu'on pourroit désirer. Mais où en serions-nous si elle étoit éteinte.

Plus les causes qui concourrent à la production des épidémiques sont changeantes & inégales, plus il est difficile d'appercevoir leur influence particuliere. Il étoit sans doute plus commode dans les vastes plaines de l'Asie, ou le sol, les saisons & par conséquent les tempéramens ont beaucoup de ressemblance, d'établir les loix que suivent les épidémies. La Gréce étoit aussi plus propre à ce genre d'observations que notre partie Occidentale de l'Europe, où regne la plus grande dissemblance tant dans le Moral que dans le Physique, où l'infection & la contagion dans les grandes Villes altérent la simplicité originelle des maladies, prêtent des forces aux causes météorologiques. Cependant s'il s'agissoit de recommencer les observations & d'établir des propositions élémentaires sur cette partie de la Médecine, pensez-vous qu'on trouveroit des résultats différents de ceux de la iij. sect. des Aphorismes? Pesez-les avec la plus grande attention. Voyez de quelle maniere Galien a traité ce sujet d'après tous les Commentateurs qui l'avoient précédé. Que Tozzi ait prétendu que ses propres observations n'étoient point d'accord avec un ou deux Aphorismes, qu'en peut-on conclure? Ramazzini a remarqué dans les années *1692*, *93* & *64*, qu'après la pleine Lune & jusqu'à la nouvelle, les maladies étoient beaucoup plus fâcheuses, & qu'ensuite leur fureur se rallentissoit; que pendant une eclipse de Lune, arrivée dans l'année *1693*, la plûpart des malades, attaqués de l'épidémie, avoient expiré. Ces événements singuliers nous apprennent qu'outre les causes manifestes, on doit soupçonner un agent dont la maniere est impénétrable. Faudra-t-il donc renoncer à tout espoir & abandonner même les ressources qui nous restent, parceque nos vœux ne peuvent être entiérement satisfaits? Suivons plutôt les traces du Père de la Médecine dans ſa maniere d'obſerver & d'écrire les conſtitutions & rappellons-nous ce que dit Galien de la Médecine Hippocratique. *Si quid eorum quæ ſcribuntur ad exercitationem referre tentaveris, prima autem te experientia fefelleris, non propterea ſtatìm deſperaveris, quaſi id aſſequi non poſſis : neque à meditatione recedas, priuſquàm ſæpiſſimè in eâdem exercitatione perſtiteris.*

Il y a des régles dont on ne doit pas s'écarter dans la deſcription des ſaiſons. Il y en a pareillement qui déterminent celle des maladies. On les trouve dans les épidémiques d'Hippocrate. Il eſt aiſé de ſtatuer ſur le caractère dominant des ſaiſons. Le témoignage de nos ſens ſuffit. La direction des vents, leur force, leur durée; le froid & le chaud, la ſécheresse & l'humidité n'exigent qu'une attention médiocre. Il nous eſt peu important de calculer le dégrès précis de ces qualités de l'air. Sçachons ſeulement comparer l'état ou la conſtitution actuelle avec cette même conſtitution dans l'ordre légitime. Si une ſaiſon eſt partagée en pluſieurs parties de tempérance differente, on peut les d'écrire chacune en particulier. Vous trouvés dans les épidémiques des exemples pour tous ces différens cas.

Mais pour juger ſainement des épidemies, il faut en outre bien approfondir la méthode d'Hippocrate dans ſes deſcriptions notologiques. Dans chaque conſtitution il y a une ou deux maladies principales qu'on peut regarder comme composées des maladies ſimples de la conſtitution. Si on ne s'occupe que de ces ſeules maladies, on manque l'occaſion d'appercevoir l'harmonie qui régne dans toute la conſtitution. Il faut donc embraſſer tous les genres & voir ce qu'ils ont de commun & en quoi ils différent de leur nature propre; & c'eſt ainſi qu'on établit les caractères généraux. Chaque ſaiſon a ſes maladies. Vous en avez le détail dans la iij. ſect. des Aphoriſmes. Voyez quelle eſt la teneur de toutes ces maladies pendant la conſtitution, quant à leur époque, au nombre des maladies, aux ſymptomes principaux, aux jours de criſes, & ſurtout aux jugemens. En un mot voyez comment les maladies différent en plus ou en moins de leur idée ou conſtitution légitime,

& vous parviendrez à connoître le caractère ou les caractères des maladies de l'année.

Linnæus dit dans quelqu'endroit de ses ouvrages qu'il espere de plus grands progrès d'un botaniste qui commence par supposer que toutes les plantes sont semblables, que de celui qui se figure d'abord qu'elles n'ont aucune ressemblence entr'elles. Il en est de même dans l'étude des fiévres épidemiques. La nomenclature a contribué beaucoup à les obscurcir. On suppose des différences spécifiques dans des maladies qui portent des noms différents, relativement à certains accidens qui ne changent pas l'espéce. N'admettons point d'autres genres de fiévres épidémiques que ceux qui ont été établis par Hippocrate. Fixons ensuite les objets que nous devons considerer dans ces fiévres & la maniere de les considerer. La division en ardentes & continues, renferme ces maladies dans tout leur étendue. Les ardentes auxquelles Hippocrate a joint les phrénétiques comprennent tout ce que les fiévres ont de plus aigre. Dans les continues qui renferment les hemitritées

& les phthisies, les efforts de la nature sont plus rallentis & se font à plus de reprises. Dans les premieres, l'humeur morbifique plus active gagne les parties supérieures. Dans les autres elle est plus lourde, plus froide & plus refractaire; l'orgasme n'est pas si sensible. Dans les unes la violence des crises est plus à craindre; dans les autres, le défaut des crises est plus commun. Enfin les fiévres ardentes & continues contrastent & donnent une division adéquate des fiévres épidémiques.

La plûpart des Médecins qui ont donné des observations sur les maladies épidémiques se sont fort étendus sur le traitement, & ont fait un grand étalage de therapeutique & de matiere médicale. Mais si on prend la peine d'examiner ces méthodes, on y retrouve les mêmes vices qui se rencontrent dans leurs descriptions. Prétend-on que les maladies dont on propose de nouvelles curations soient différentes de celles que les anciens ont connu. C'est une erreur dans laquelle est tombé Sydenham & dont le Docteur Freind l'a relevé. Si ces maladies ont existé dans tous les temps, la méthode de les traiter est fort ancienne. Hippocrate n'a pas dit un mot du traitement des maladies décrites dans ses quatre constitutions, parceque la maladie supposée connue, la curation l'est aussi.

Quel fruit peut-on donc retirer, me direz-vous, de l'étude des constitutions ? Hippocrate ou le plus ancien de ses Commentateurs vous repond, » appliquez-vous à bien connoître la » constitution des saisons & la nature » de la maladie; les avantages com» muns de la constitution & de la ma» ladie, & leurs communs desavanta» ges; parmi les maladies qu'elle pro» duit, sçachez distinguer celles qui » sont longues de celles qui sont de » courte durée, celles qui sont be» nignes de celles qui sont funestes. » Observez en outre l'ordre des jours » critiques «. Vous savez, par exemple, que les continues d'Hippocrate & les hemitritées regnent principalement dans les constitutions froides & humides, qu'elles sont plus longues, plus dangereuses & plus difficiles à juger, plus sujettes aux rechuttes, aux flux de ventre & à différentes métastases que dans les conſtitutions ſeches; qu'alors les ardentes & phrénétiques, les tierces, doubles-tierces ſont plus rares, plus bénignes, moins ſujettes au delire & aux hemorrhagies du nez. La conſtitution étant donnée, vous connoîtrez donc facilement les avantages & les deſavantages communs de la maladie ſuppoſée pareillement connue & de la conſtitution. Si vous comparés entr'elles les fiévres ardentes, les hemitritées, les continues, les phthiſies des quatres conſtitutions, vous reconnoîtrez que les maladies de même nom différent conſidérablement ſuivant le caractère des conſtitutions; qu'elles ſont élevées à des dégrés ſupérieurs, ou abaiſſées à des dégrés inférieurs, relativement à l'idée moyenne que nous donnent les Auteurs de pathologie. Vous ſaurez donc diſcerner ſi la maladie eſt une production naturelle de la conſtitution ou ſi elle eſt d'un caractère oppoſé, d'autant plus que l'âge, le tempétament, ainſi que les occaſions qui ont précédé, étant ſuppoſés connus, on peut voir au premier coup d'œil ſi ces quantités ſont poſitives ou négatives dans le problême.

La durée des maladies, leur mortalité ou leur benignité peuvent également s'apprecier au moyen de toutes ces données, ſçavoir de la nature de la maladie, de la conſtitution des ſaiſons, de l'âge, du tempérament, du regime du malade. On ſait quelles ſont les conſtitutions qui produiſent des maladies longues ou de peu de durée, & quelles ſont ces maladies. On connoît auſſi les ſignes funeſtes & les ſignes favorables des maladies des conſtitutions. Le concours ou l'oppoſition, les degrés ſuperieurs ou inférieurs des données, font connoître le danger. J'avoue que cette ſorte de calcul demande beaucoup d'exercice & de ſagacité, les élemens qu'on employe ne pouvant être ſuffiſamment determinés quant à leur valeur & à leurs effets dans les diverſes combinaiſons qui ſe préſentent. Hippocrate ne nous dit pas que cette méthode ſoit d'une pratique aiſée & d'un ſuccès certain, il avance ſimplement qu'on ſe trompe moins en la ſuivant & que les erreurs ſont légeres. C'eſt une méthode d'approximation où le plus habile & le plus exercé approche le plus près du but.

» Vous connoîtrez par ce moyen » l'ordre des jours critiques. Vous sau- » rez quels sont ceux dont vous devez » entreprendre la curation, le temps » convenable d'administrer les remedes » & les alimens, & le choix que vous » en devez faire.

Si quid novisti rectius, istis
Candidus imperti; si non, his utere mecum.

Horat.

A Boulogne, ce 15 Septembre 1764.

www.ingramcontent.com/pod-product-compliance
Ingram Content Group UK Ltd.
Pitfield, Milton Keynes, MK11 3LW, UK
UKHW021529260726
13993UKWH00004B/1894

9 782329 216300